U0192886

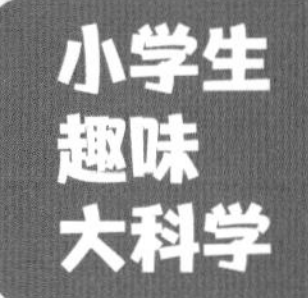

奇妙的自然现象 天气

恐龙小Q少儿科普馆 编

吉林美术出版社 | 全国百佳图书出版单位

目录

地球的“外衣”——大气层

地球是个巨大的球体，在它的外面包裹着一圈混合气体，就好像是地球给自己穿上了外衣，这件“外衣”就是大气层。

以地面为底界，大气层的气体密度随高度的增加而减小，高度越高大气越稀薄。距地面 50 千米以内的空间中，集中着 99.9% 的大气。

大气层的体积占地球总体积的5%，相当于橘子皮和橘子的体积比例。

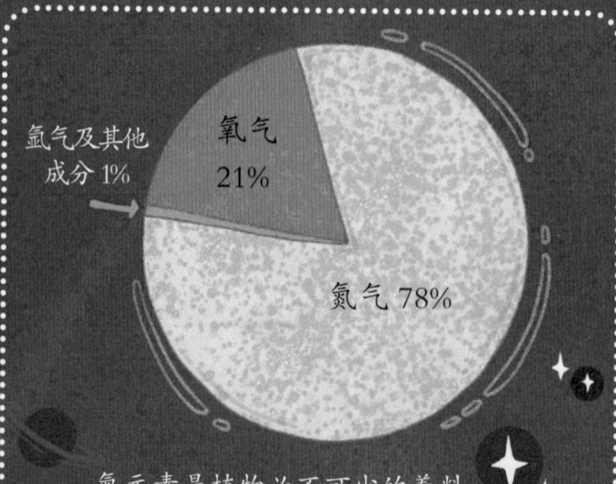

氮元素是植物必不可少的养料。
所有的生命都离不开氧元素。
水汽主导地球的天气变化。
二氧化碳吸收地面辐射，给地面增温。如果没有二氧化碳，地球的温度会瞬间降到零下 10℃。

大气的成分主要是氮气，占大气总体积的 78%，氧气占 21%，氩气占 0.93%，还有少量的二氧化碳和水汽等。大气中还悬浮着固体颗粒，比如火山爆发产生的尘埃、工业燃烧排放的烟尘等。

大气层可以抵挡住大部分来自太空的石块，为人类营造适宜的生存环境，为生命的繁衍提供了无限的可能。如果没有大气层，地球就会像今天的月球或者水星一样荒凉。

我是一只工蚁，我终身生活在地球上，甚至从未离开过陆地，因为我不会飞呀！

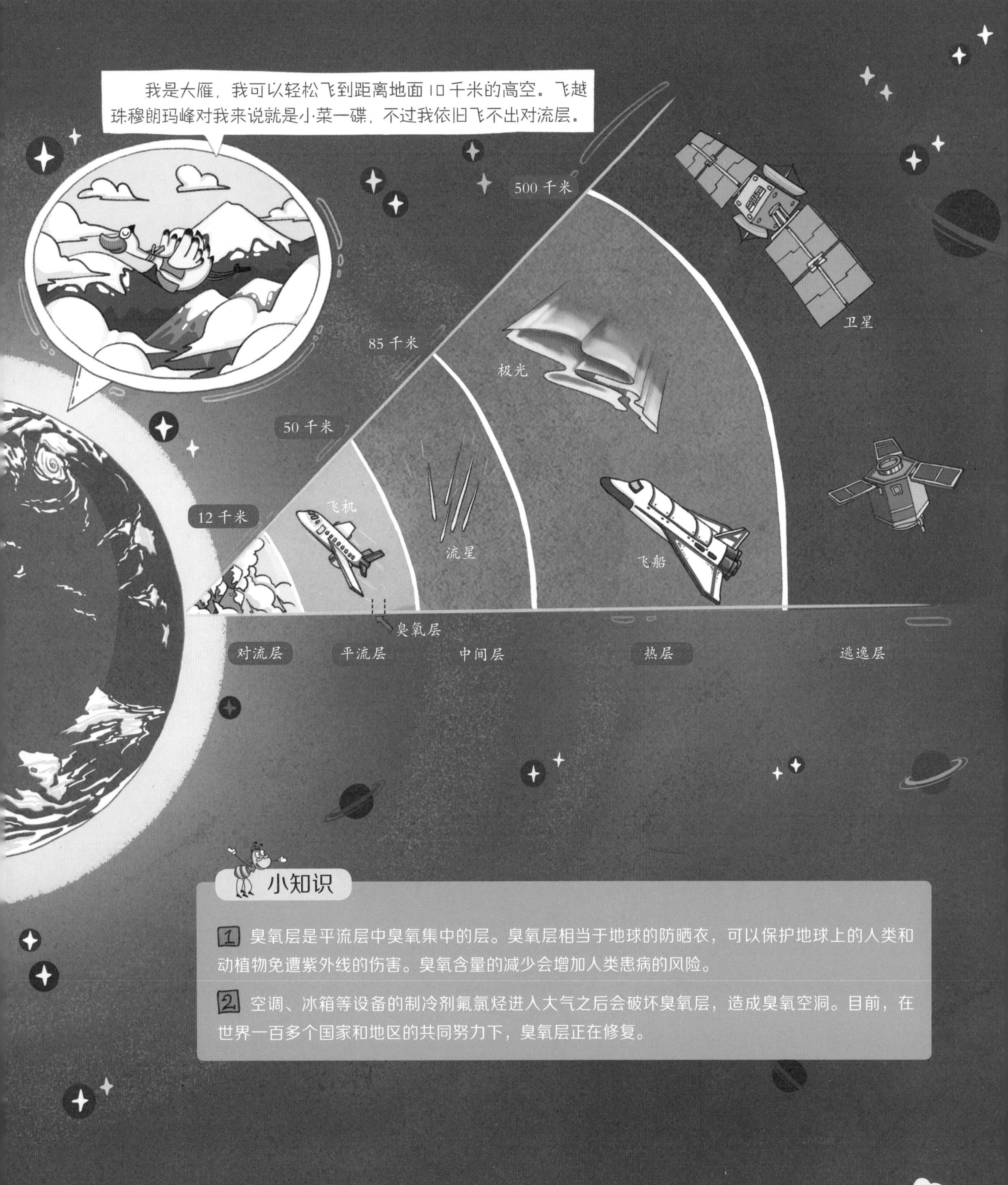

小知识

1 臭氧层是平流层中臭氧集中的层。臭氧层相当于地球的防晒衣，可以保护地球上的人类和动植物免遭紫外线的伤害。臭氧含量的减少会增加人类患病的风险。

2 空调、冰箱等设备的制冷剂氟氯烃进入大气之后会破坏臭氧层，造成臭氧空洞。目前，在世界一百多个国家和地区的共同努力下，臭氧层正在修复。

天空的色彩

在晴朗的日子里，白天时我们看到的天空是蓝色的，那是因为太阳光射向地球时，波长较短的蓝光遇到大气分子发生了散射。

光的色散

太阳光通过三棱镜时会发生折射，被分解形成光谱（彩色光带）。光谱中的每一种色光被称为单色光，不同的单色光有不同的波长，波长决定了它被人们的眼睛看见的色彩。

由单色光混合而成的光叫复色光，太阳光、白炽灯灯光都是复色光。

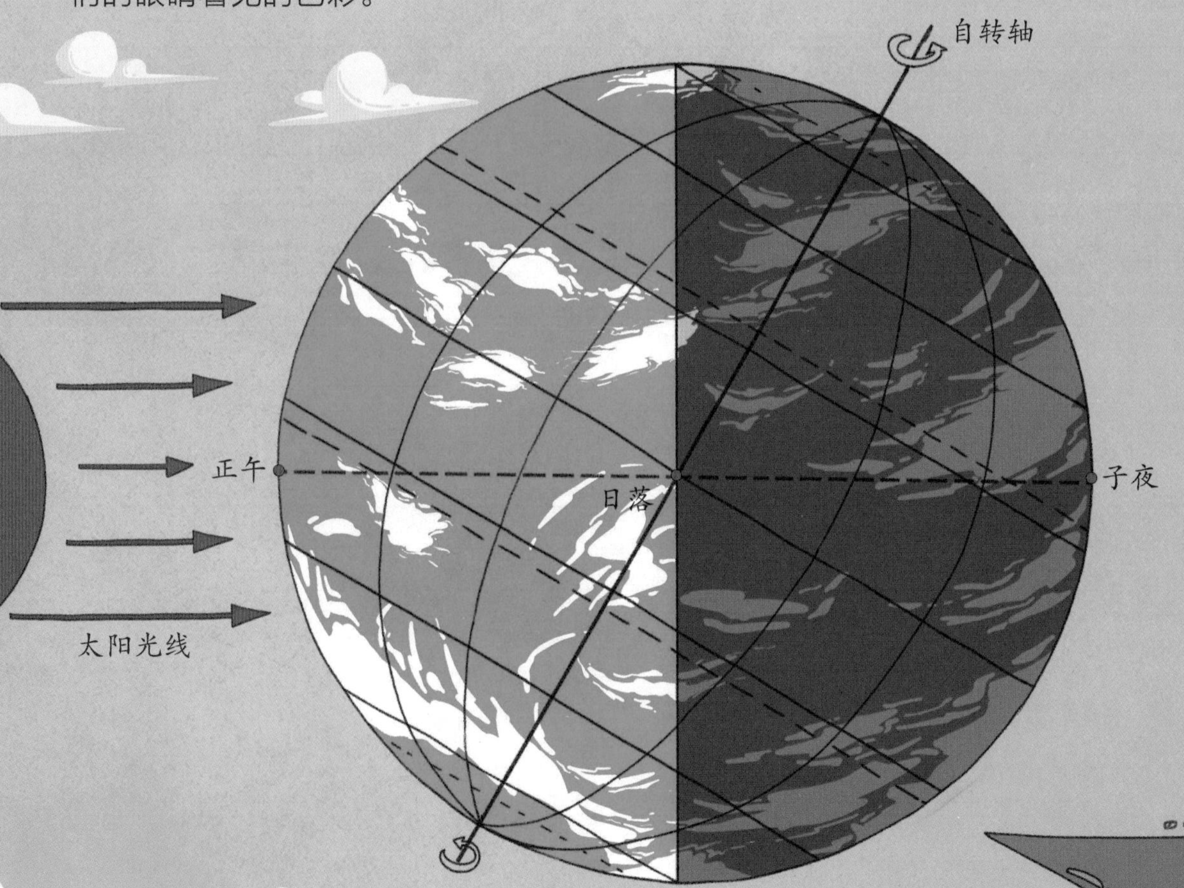

昼半球和夜半球的分界线，叫作晨昏线。

白天和黑夜的交替

白天和黑夜的交替是因为地球的自转产生的。地球一直绕着自转轴自西向东转动，面向太阳的半球为白天，另一半球则是黑夜。

在地球自转的某一刻，地球上的不同地区有的是正午，有的是子夜，有的是正经历昼夜交替的早晨或傍晚。

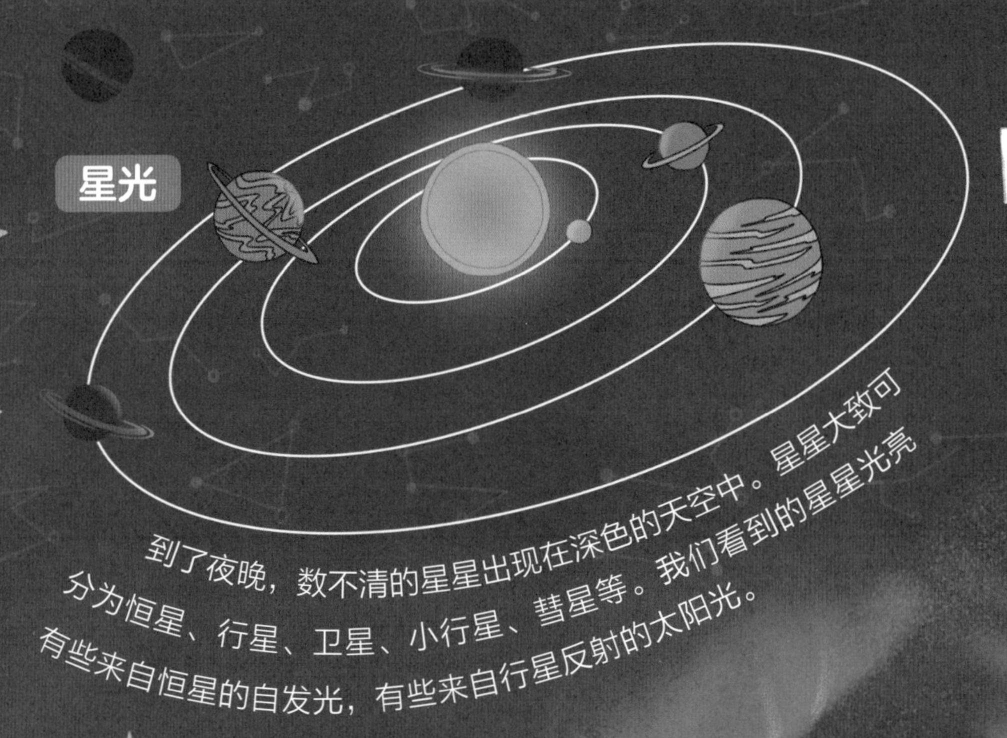

星光

到了夜晚，数不清的星星出现在深色的天空中。星星大致可分为恒星、行星、卫星、小行星、彗星等。我们看到的星星光亮有些来自恒星的自发光，有些来自行星反射的太阳光。

极光

太阳发出的高速带电粒子在地球磁场的作用下向南北两极附近移动，使高层空气分子或原子激发或电离而形成彩色光芒，这些彩色光芒就是我们在地球高纬度地区看到的极光。

夜光云

大气层的中间层温度很低，一些尘埃、冰晶形成了地球上最高的云——夜光云，在地球高纬度地区可以看见它。

流星

太空中的尘埃和小碎块在接近地球时受到地球引力吸引，闯入地球大气层时与大气摩擦、燃烧产生光迹，形成了流星。

空气的力量

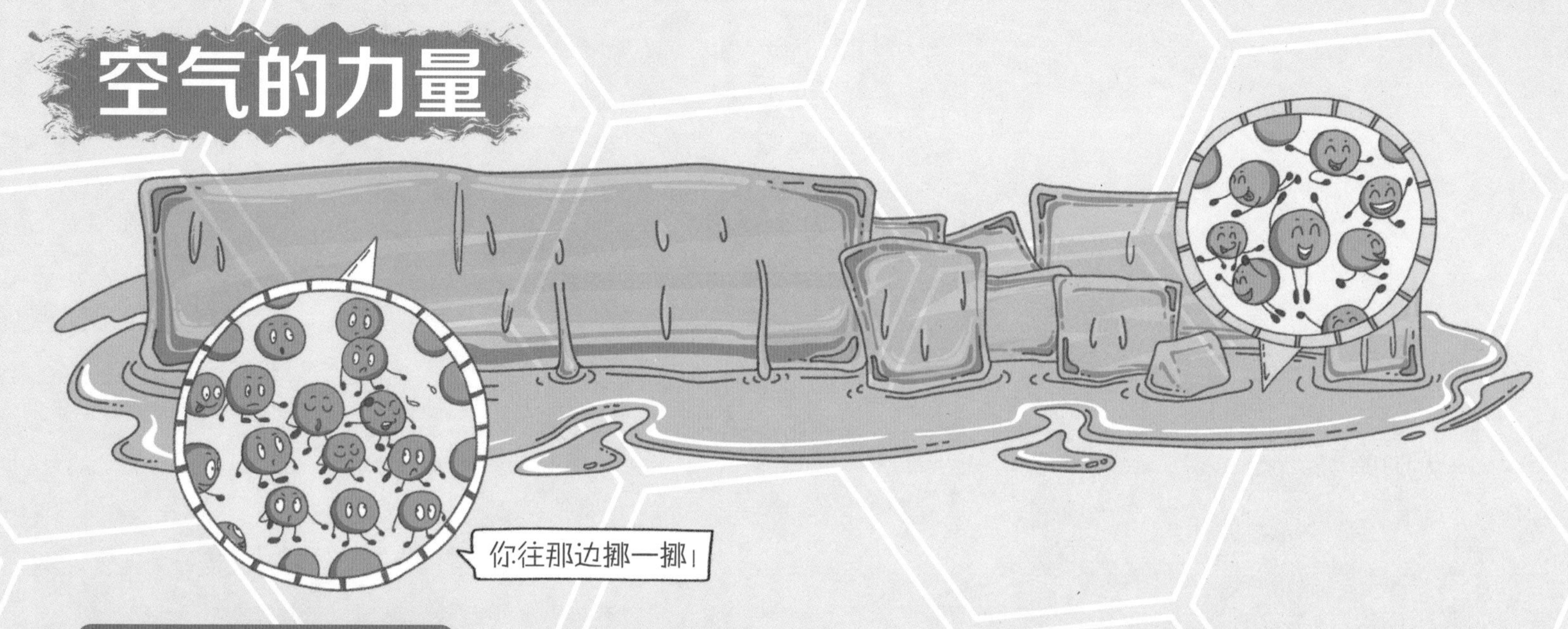

气压是如何产生的？

由于能量的存在，分子是不会静止不动的，即使在固体内部，分子也会动来动去。

气体没有固定形状，气体分子们的活动范围更大。当它们被关在一个容器中时，气体分子们便四处乱撞，这种撞击会对容器的内壁产生压力，这就是**气压**。

没有人能数得了！

物质所包含的分子数量多到我们难以想象。以水为例，如果全世界的人一起数一滴水里的水分子个数，就算每秒钟数 3 个，都要数 2000 多年。

这个罐头里一定有好吃的！

密闭的环境中，在体积不变的情况下，气压的大小会受到温度的影响。温度越高，分子们就越兴奋，气压也就越高。

快放我出去！

天气晴朗，视野开阔。咦？地上好像有一只正要开罐头的蚂蚁！

风的形成

当太阳照射大地时，山坡和山谷都会吸收热量。但是因为山坡是耸立的，所以它吸收的热量会多一些，气温也就会高一些。这时候，山坡上温度较高的空气分子活跃地运动着，还会慢慢地向上升。山坡上的空气因为上升而使山坡上的空气变得稀薄，就形成了低气压。

山谷因为吸收的热量少，气温会低一些，所以山谷中空气分子的活动会比较慢，它们聚集在下面，形成高气压。

山坡上是低气压，山谷中是高气压，山谷中的空气就会沿着山坡向上移动，形成**风**。

在海边时，我们常常感觉到，当沙滩烫脚时海水还是冰凉的。这是因为在同样的阳光照射下，1 克沙子会升温 **4℃**，而 1 克水只升温 **1℃**。

白天，因为沙滩比海洋升温快，所以沙滩的气压要比海洋的气压低。于是，从海面吹向沙滩的**海风**便形成了。

快！占领山头！

狂暴的风

发生了什么？我在哪儿？
快抓紧我的羽毛！
哎呀不好！

风可以为植物传播种子，为动物传递讯息，为我们带来凉爽或温暖的感觉。但如果风变得狂暴，它就会具有巨大的破坏力，形成摧毁人类家园的自然灾害。

龙卷风

在陆地上，最厉害的风是龙卷风。龙卷风是一种强烈的空气涡旋，它看起来像个巨大的漏斗，连接着地面和天空。它以旋转的方式移动，每小时可移动数十千米。

龙卷风的中心风速每秒有 100 至 200 米，所到之处能拔起大树、掀翻车辆、摧毁建筑物，甚至可以把人卷上天后再抛出去。

龙卷风的形成

上升气流和下沉气流相遇，在对流层中部开始旋转并形成中尺度气旋。中尺度气旋向上、向下发展，并逐渐变长、变细。涡旋到达地面后，地面气压急剧下降，周围气流补充并上升，风速逐渐加快，龙卷风形成。

台风

在海洋上，最厉害的风是台风。台风是发生在太平洋西部海洋和南海海上的热带气旋，直径一般 200—1000 千米，中心附近最大风力达 12 级或 12 级以上。

发生在大西洋西部的热带气旋称作“飓风”。飓风和台风是一回事，只不过是因为它们发生的海域不同，被不同的国家取了不同的名字而已。

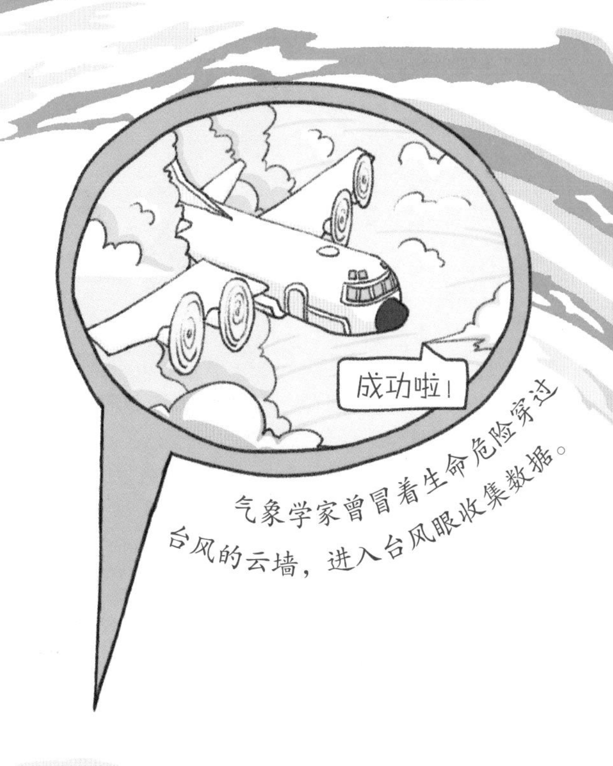

成功啦！
气象学家曾冒着生命危险穿过台风的云墙，进入台风眼收集数据。

台风的形成

热带洋面形成一个低气压区域，与周围大气形成气压差。在气压差的作用下，周围的大气会向低气压区域移动，在移动时又会受到地球自转的影响而发生偏转，从而形成旋转的气流。这个旋转气流越来越强大，最后形成台风。

台风的中心区域是一个“洞”，被称为台风眼。
台风眼区域风力很小，天气晴朗。

在洋面上，台风带来的狂风会掀起巨浪，威胁航海安全。台风一旦登陆，会给沿海地区带来狂风、暴雨天气，造成人员伤亡和财产损失。

海拔与沸点

一般来说，随着海拔高度的增加，气温会相应下降。海拔平均每升高 100 米，年平均气温就会下降约 0.6℃。

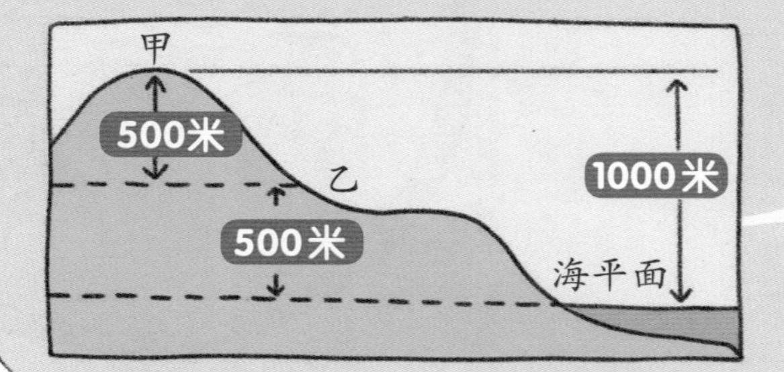

甲的海拔为 1000 米，乙的海拔为 500 米。

海拔

海拔是指地面某个地点高出海平面的垂直距离，通常以平均海平面做标准来计算。海拔越高，大气层密度越低，对太阳辐射和地面辐射的吸收量越小，温度越低。

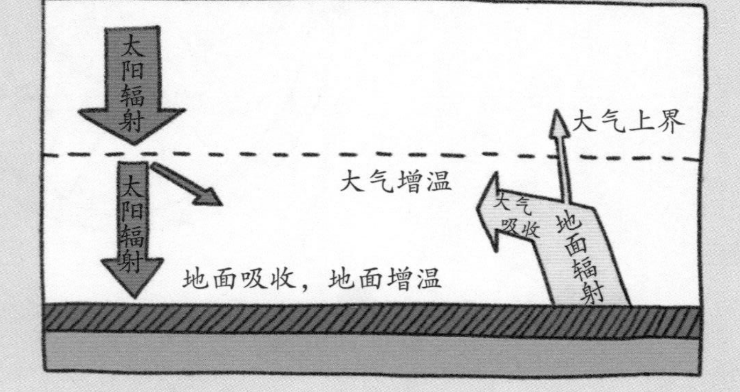

地球表面吸收太阳辐射后增温，又将其中的大部分热量以辐射的方式传送给大气，这种现象称为“地面辐射”。

沸点

沸点指液体沸腾时的温度。在其他因素不变的情况下，气压增大，沸点就会升高；气压减小，沸点就会降低。水在标准大气压下的沸点是 100℃。

当我们在高海拔地区用火烧水时，水很快就会沸腾，但此时的水温并不会很高，这是因为水的沸点降低了。

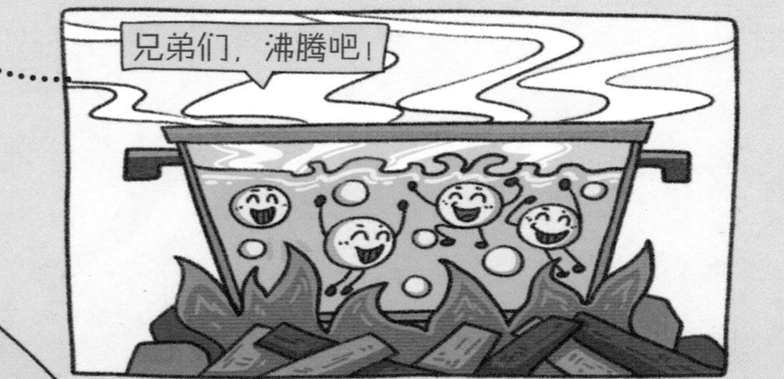

沸点变化的原理

水分子因为接收了热量而变得活跃起来，想变成气态跑到空气里，但首先要克服空气对它的“压制”。

高原的气压不如平原大，空气对水分子的“压制”没那么厉害，水分子很容易就跑出来了，也就是我们常说的“水开了”。

高压锅就是利用加压使沸点升高的原理制成的。锅内的蒸汽因为有密封的锅盖阻挡无法逸出，因此气压增大，沸点升高，饭菜很快就熟了。

水的循环之旅

地球上的水多数存在于大气层、地下、湖泊、河流及海洋中。

水会通过蒸发、降水、下渗、径流等方式，由一个地方移动到另一个地方，这个过程不断循环就形成了水循环。

水循环过程中三个重要的环节是蒸发、降水和径流，这三个环节决定着全球的水量平衡，也决定着一个地区的水资源总量。

人类活动会对水循环产生影响。比如在农业生产中，人们引河水灌溉、开发利用地下水等行为，改变了原来的水流路线，会引起水的分布和运动状况的变化。

水循环分为陆地内循环、海陆间循环和海上内循环三种形式。

在自然界中，水有固态、液态和气态三种状态，这三种状态会因为温度的变化而发生变化。

水循环使各个地区的气温、湿度等不断得到调整，人类才能生活在舒适的环境中。水循环也使人类赖以生存的淡水资源不断更新，维护全球水的动态平衡。

大气层中水汽的循环过程是：蒸发—凝结—降水—蒸发。只需 10 天左右，全球的大气水分就能完成一次交换。

水的3张“面具”

雾

春天和秋天的早晨，人们有时会看见“雾”，它的出现阻挡了人们看向远处的视线。

气温下降时，接近地面的水汽会凝结成微小的水滴悬浮在空气中。当大量微小的水滴悬浮在近地面的空气中时，雾就出现了。

我们周围的空气中有看不见的水汽，气温越高，空气中能容纳的水汽也就越多。但当近地面的空气温度下降时，空气中多出来的水汽就会与微小的灰尘颗粒结合变成小水滴悬浮在空气中，因此雾常常在气温较低的早晨出现。

露

清晨，当我们走过一片草地时，裤腿和鞋子常常会被弄湿，低头一看，会发现草叶上有很多小水珠。难道是昨天夜里下雨了吗？其实不是，草叶上的水珠是“露”。

露是指空气中的水汽凝结在地面或靠近地面的物体表面上的小水珠，常见于晴朗无风落日后的傍晚至夜间或清晨。露可以附着在植物上，也可以附着在其他无生命的物体上，比如蜘蛛网。

露有利于植物的生长和发育，尤其是在少雨的季节和干旱的地区，例如沙漠地区的植物可以依赖夜间形成的露水生长。

霜

当近地面的温度降到0℃以下时，会出现“霜”。霜是空气中的水汽在地面或靠近地面的物体表面上凝华而成的冰晶，它的形成原因和露的类似，都是从空气中分离出来的水汽。

霜通常出现在秋季和春季。在寒冷的早晨，草叶上、土块上、枯黄的树叶上常常会覆盖着一层白色的霜。

云的外观

在高空的低温环境中聚集的小水滴或小冰粒，将阳光散射到各个方向，就产生了我们看到的云的外观。

云体很薄，阳光能通过。

在4500—10000米的高空中，由稀疏的细小冰晶组成的**卷云**，样子像小钩、羽毛、马尾，看起来很飘逸。

在约5500米的高空中，**卷积云**像清风吹过水面时留下的细小波纹，又像白色鳞片一样成行排列。

晴天时的云是白色的，因为通过了大部分光线。

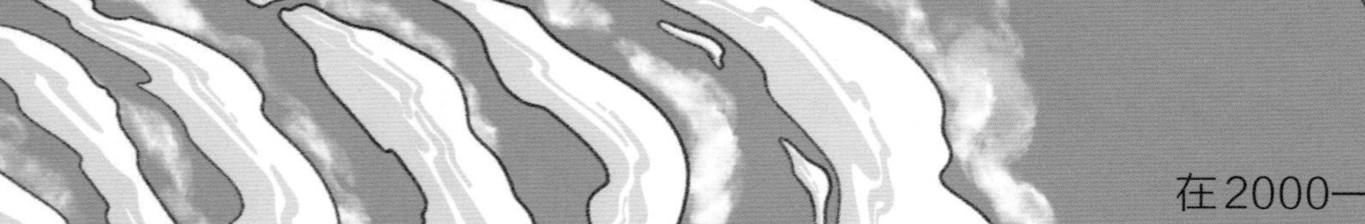

太神奇啦，云层竟然像幕布！
抓紧啦！我们要穿过"幕布"。

在约5000米的高空中，**卷层云**好像为天空铺了一层幕布。透过这层“幕布”，我们能看到太阳或月亮的轮廓。

云体中部较暗，各部分透光程度不一样。

在2000—5000米的高空中，**高积云**看起来像波浪或田垄。

在 1500—3500 米的高空中，**高层云**呈现出纤缕状条纹，或整体均匀的云幕。

阴天时的云是灰色的，云层稍微厚一点，阳光能通过一部分。

在 2000 米以下的空中，**雨层云**遮蔽日月，呈暗灰色，常带来连续性降水。

下雨前的云是灰黑色的，云层通常很厚，阳光透不过。

在 600—1200 米的空中，湿润地区常见**积云**；在 3000 米的空中，干燥地区常见积云。积云一般在上午出现，午后最多，傍晚逐渐消散。

在 400—1000 米的空中，**积雨云**像耸立的高山，常带来雷电、阵雨等天气，云底偶尔会产生与地面相接的龙卷风。

为什么会有彩色的云呢？

为什么会有彩色的云呢？
大概是太阳想让地球的景色更美丽吧。

日出和日落前后，太阳光线斜射，大量短波光被空气中的水汽和杂质散射，而剩余的红色光、橙色光等长波光照射到大气层时，我们就会看到日出、日落方向的天空是橙红色的。如果这时候有云，我们就能看到朝霞或晚霞。

雨、雪的形成

按照数字由小到大的顺序阅读哟！

我太重了，我要回到地面上。
我回来啦！咦，我怎么变样了？
雨滴下落时实际的样子是扁圆形

1 在 2000 米高空中的云彩里发生凝结现象生成小水珠，小水珠们聚集在一起并被上升气流托向更高的地方。

2 风也加入了这个过程，它吹来更多的水蒸气、小水珠。于是，小水珠通过不断碰撞、融合变成大水珠。

3 当到达 4000 米高空时，周围的温度下降到零下 7℃，水珠变成了冰粒。因为有强大的气流托着，冰粒并不会下落。

4 到了 7000 米高空时，周围的温度下降到零下 40℃。此时，冰粒就会聚集在一起，越变越大。

5 这时，没有气流能托住它们了，冰粒开始下落。如果近地面的温度高于 7℃，冰粒会重新变为水珠落到地面，这就是“雨”。

凝结

由气态转变为液态的过程称为凝结。凝结过程中起关键作用的是凝结核，它能让水汽更好地凝结在一起。空气中飘浮的尘埃及其他杂质都能起到凝结核的作用。

凝华

凝华指物质由气态不经液态直接变为固态的过程，雾凇、霜、冬天时玻璃上的冰花都是凝华现象。

变身成功！
6 如果近地面的温度低于0℃，冰粒就不会融化，它们会以固体形态落到地面，这就是“雪”。
一般来说，如果湿度充足，气温在零下15℃左右，就会下鹅毛大雪。
这是打雪仗、堆雪人的好时机！

雪花是怎样形成的？

水分子在凝结时，会变成六角形的冰晶。冰晶在温度适宜、湿度充足的空气中旋转时，它的凸出部分会将沾到的水汽凝华。这个过程不断重复，冰晶就会迅速生长，直至变成雪花。

当气温很低或空气中水汽较少时，冰晶缺乏生长的“能量”，又很难彼此沾上，因此雪花的形状就比较单一。常见的雪花形状有针状、柱状、片状等。

云间的战争

炎热的夏日，积云在不断上升的过程中逐渐变厚、变大，直至变成浓墨色的积雨云。积雨云里容纳了数不清的冰粒、水珠，它们在云朵里面“横冲直撞”。

在冰粒和水珠的不断摩擦、撞击下，积雨云中的电荷被分解，正电荷跑到了云的上端，负电荷跑到了云的下端，正、负电荷之间相互吸引。

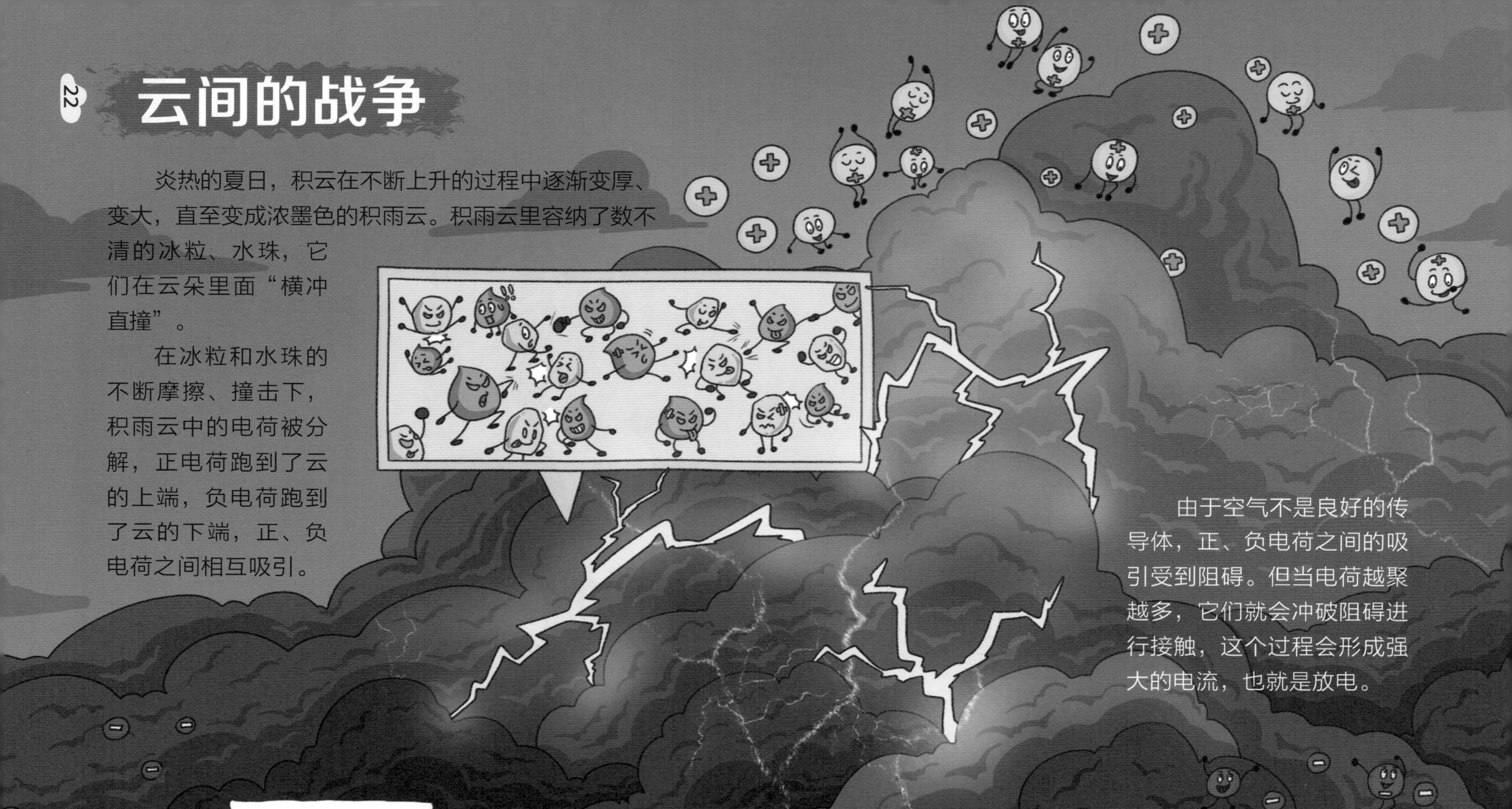

由于空气不是良好的传导体，正、负电荷之间的吸引受到阻碍。但当电荷越聚越多，它们就会冲破阻碍进行接触，这个过程会形成强大的电流，也就是放电。

放电时会发出强烈的光，也就是我们看到的闪电。闪电瞬间释放的电力足够让 7000 个 100 瓦特的灯泡工作 8 小时。

同时，闪电能将空气的温度瞬间加热到 10000℃。巨大的热量使空气急速膨胀、爆炸，于是就产生了我们听到的雷声。

快跑哇！下冰雹啦！
蚂蚁窝我钻不进去呀！
我们躲到地下去吧。
蚂蚁窝

积雨云中的水汽非常丰富，同时有强烈而不均匀的上升气流，冰粒在不稳定的气流中不断与云朵中的雪花、过冷却小水滴等合并，形成具有透明与不透明交替层次的冰块。当冰块大到上升气流无法支撑时就会落到地面上，形成冰雹。

打雷和闪电在远处同一地点同时发生，但我们总是会先看到闪电，后听到雷声。这是因为光和声音在空气中的传播速度不同，光速约为每秒 30 万千米，声速约为每秒 340 米。

电荷（hè）

电荷是物体的一种物理属性，自然界中常见的物体都带电荷。电荷分为正电荷与负电荷，正、负电荷的数量平衡被打破时，物体就会发生放电现象。

导体与绝缘体

自然界中，有些物体易于导电，即电流可以通过它传导，称为导体。有些物体不易于导电，称为绝缘体。自来水、金属、石墨等是导体，干木头、塑料、玻璃等是绝缘体。

光的魔术

大雨过后，我们常常会看到美丽的彩虹。彩虹是大气中一种光的现象，是天空中的小水珠经日光照射发生折射和反射作用而形成的弧形彩带。

我们看到的彩虹有红、橙、黄、绿、蓝、靛、紫七种颜色。事实上，彩虹有数百万种颜色，但是为了方便起见，只用这七种颜色作区别。

折射

光从一种介质斜射入另一种介质时，传播方向发生偏折的现象叫光的折射。生活中，放入水中的筷子“断”了，看着很浅的泳池其实很深，在沙漠中看到城市花园等等，都属于光的折射现象。

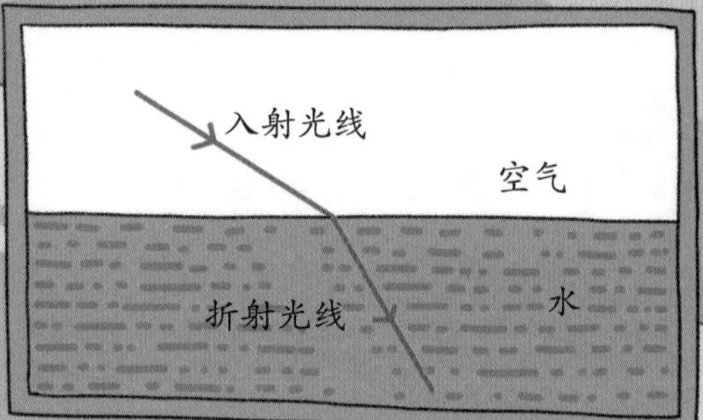

入射光线
空气
折射光线
水

看来它不懂光的折射原理，快逃！

我明明看到虾在那里，怎么捉不到？

我们在地面上看到的彩虹是半圆形的，实际上彩虹是闭环圆形，坐在飞机上往下看就能看到圆形的彩虹。

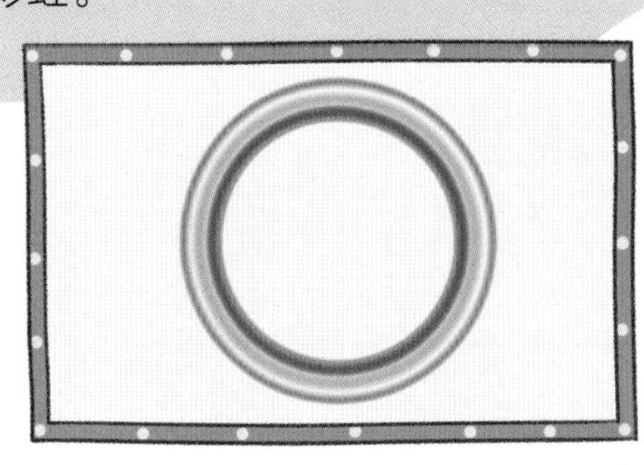

彩虹的形成原因

阳光进入水珠先发生折射，分解为单色光；单色光碰到水珠的内部界面会发生反射；经反射后的单色光在离开水珠时再次发生折射，遇到从其他水珠中穿过的单色光，形成彩虹。有时候我们会看到双彩虹，紫色光在上、红色光在下的那条叫**霓**。霓的形成原因与彩虹相同，只是光线在水珠中的反射比彩虹形成时多了一次。

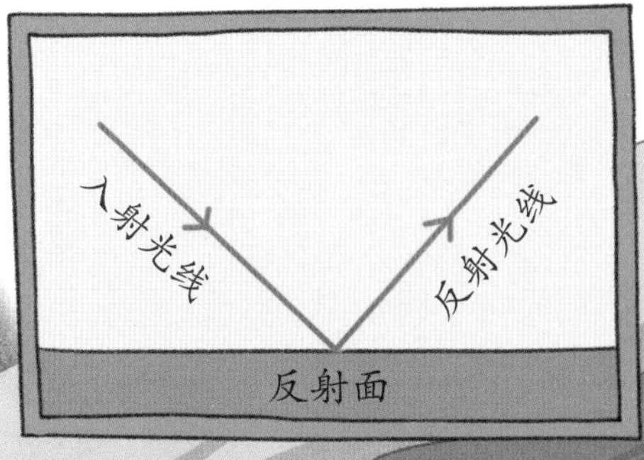

反射

光在传播的过程中由一种介质到达另一种介质的界面时返回原介质的现象，这种现象叫光的反射。生活中，我们看到的每一个不发光的物体都离不开光的反射。物体只有将光线反射到我们的眼睛里，我们才能看到它。

利用镜子将太阳光反射到阴暗的房间，这是我最喜欢的游戏。

气团与锋

气团

引起天气变化的“主谋”是气团。气团是指温度、湿度在各高度水平方向上分布较为均匀的大范围气块，厚有几千米到十几千米。根据温度对比，气团分为冷气团和暖气团两类。

气团往往形成于广阔的海洋、冰雪覆盖的大陆、一望无际的沙漠等地上空，这些地域在大范围内的性质比较均匀，大气与地表的水汽、热量交换稳定，气团可在较长时间内停留或缓慢移动。

当气团离开它的生源地，来到某个地表与它有较大温度、湿度差异的地域上空时，就会引起天气变化。

暖气团快快打败冷气团吧！
又到梅雨季了，衣服越晾越湿，墙上长满霉斑，我浑身黏糊糊的。

这是我们最喜欢的天气，倾巢出动吧！

当南下的冷气团与北上的暖气团在我国江淮流域相遇，彼此势均力敌、互不相让时，就会形成持续近一个月的阴雨天气，俗称“梅雨季”。

锋

冷气团和暖气团相遇时，密度较大的冷气团向下走，密度较小的暖气团向上走，它们的交界面（过渡带）称为锋面，锋面与地面相交的线叫作锋线。

冷气团将暖气团“逼退”时，锋面被称为冷锋。冷锋过境时，常出现阴天、雨雪、大风、降温等天气现象。冷锋过境后，气温降低，天气晴朗。

暖气团将冷气团“赶走”时，锋面则被称为暖锋。暖锋的移动速度比较慢，会带来连续性降水天气。暖锋过境后，气温升高，天气转晴。

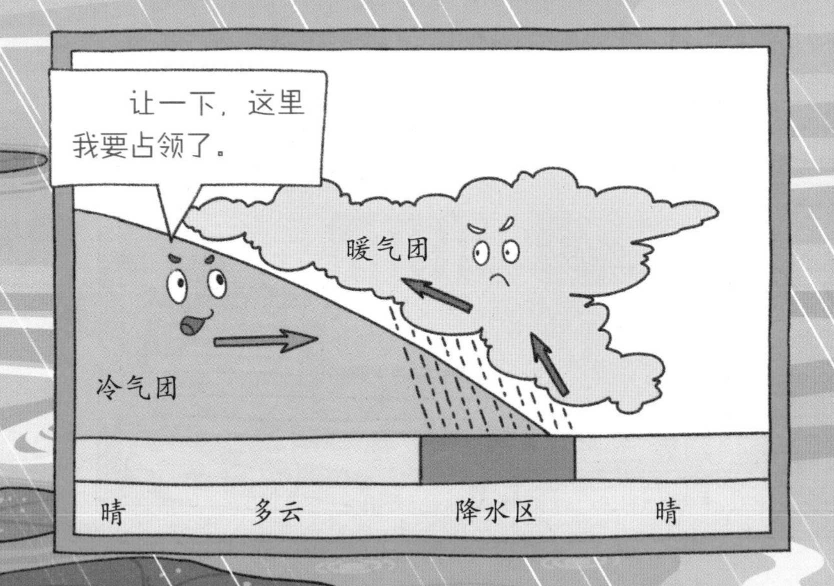

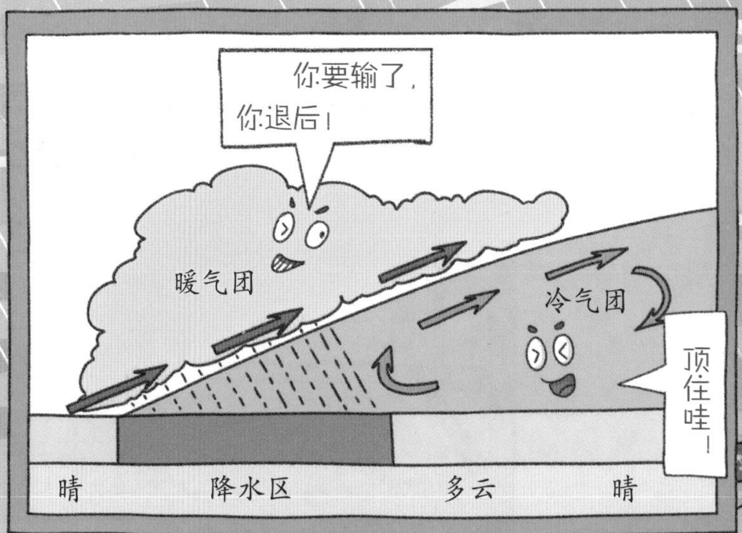

气象预测

依靠互联网，我们可以轻松获取世界各地当前的天气状况以及未来的天气预报，而这有赖于气象学家对天气的持续观测和评估。

气象是什么?

气象泛指大气中的各种状态和现象，如风、霜、雨、雪、雾、露、闪电、打雷等等。影响气象的要素主要有气温、气压、风、湿度、云、降水等。

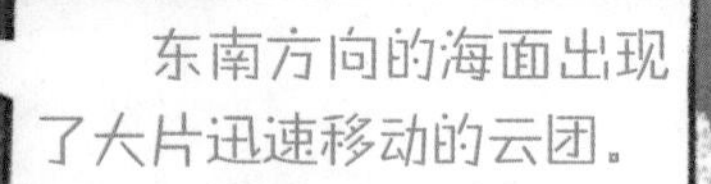

东南方向的海面出现了大片迅速移动的云团。

谁收集了气象数据?

气象卫星携带探测仪器，用无线电波将探测结果传回地球。另外，它们拍摄的红外线照片可以区分热辐射不同的物体，据此，气象学家在夜间也能看清云层的温度和分布情况，然后通过监视云层的发展获知风速和风向等数据。

怎样分析这些数据呢?

数据分析需要超级计算机的帮忙，它们会计算出未来 15 天以上的天气变化情况。因为天气总在变，计算机不得不每 6 个小时就重新计算一次。最后，气象学家用“天气图”来表示计算结果，然后通过互联网、电视等渠道向人们解释天气图所传达的天气信息。

人们用探空气球把探测仪器带到高空，进行温度、气压、湿度、风速和风向等方面的探测。

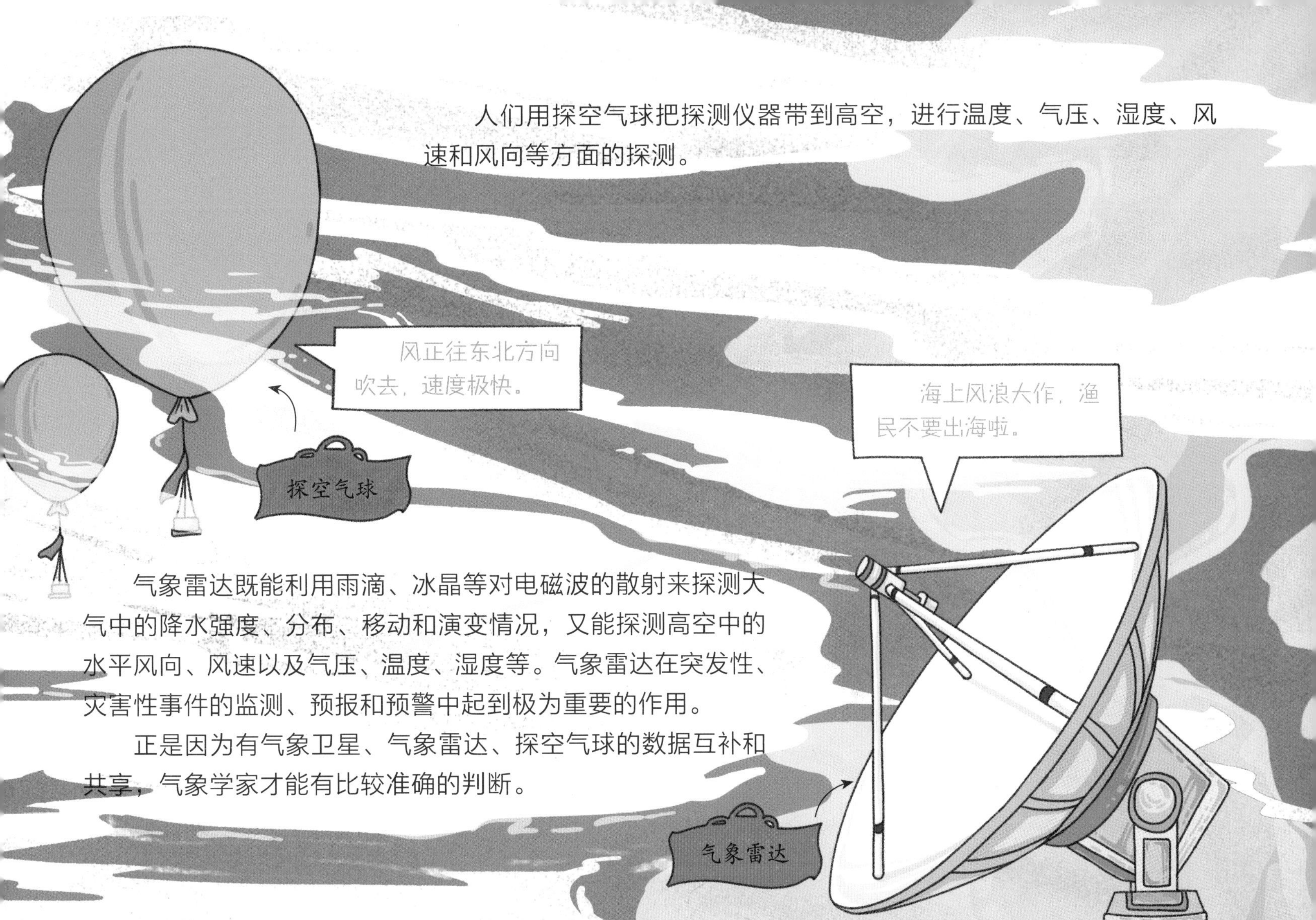

风正往东北方向吹去，速度极快。
探空气球
海上风浪大作，渔民不要出海啦。
气象雷达

气象雷达既能利用雨滴、冰晶等对电磁波的散射来探测大气中的降水强度、分布、移动和演变情况，又能探测高空中的水平风向、风速以及气压、温度、湿度等。气象雷达在突发性、灾害性事件的监测、预报和预警中起到极为重要的作用。

正是因为有气象卫星、气象雷达、探空气球的数据互补和共享，气象学家才能有比较准确的判断。

海拔、纬度、地形等多种因素会影响天气的变化，预报不可能做到完全准确。
天气预报不准，今天并没有下雨。

世界各地都有气象监测站，工作人员用温度计、自记雨量计、风速计、湿度计、日照计等仪器监测当地的天气数据。

人工气象

需要下雨还是不下雨？

要下雨，催化剂要适量播入。

科学家在上个世纪就已经着手研究人工干预天气的方法了，使冰雹、雷电、霜冻、台风等天气现象朝着人们预定的方向转化，从而减轻气象灾害的程度或避免气象灾害的发生。

人工降水

根据不同云层的特点，向云层中播入适当的催化剂（盐粉、干冰、碘化银或液氮等），作为凝结核、冰核或制冷剂，从而使云层中的水滴或雪花增大而落向地面，形成降水。

我预感到一场人工雨就要来了。

没有雨水，地面都裂开了。

人工防雹

发射到高空的催化剂炮弹会使云中产生冰雹胚胎颗粒，它们与自然冰雹胚胎争夺云中有限的水分，从而减小了单个冰雹的体积。小冰雹在下落时即使未完全融化，也会减轻危害程度。

人工消雨

如果某地不需要降水，人们就会在该地上风方向的云层里播撒冰核，使冰核的数量达到降水标准的 3 至 5 倍。冰核的数量多了，每个冰核可吸收的水分就会变少，因此无法形成体积大到能下落的雨滴。

人工削弱台风

水汽凝结成冰晶时，会释放出它原本所吸收的热量，热量的变化会改变局部气压，从而产生对流运动。所以，人们用催化剂改变台风的气压梯度，减弱风速，减轻灾情。

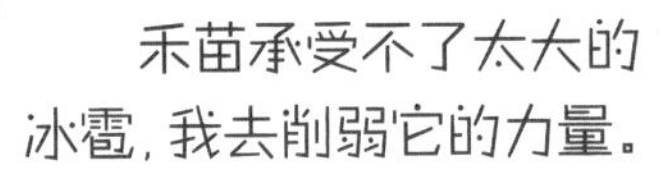

禾苗承受不了太大的冰雹，我去削弱它的力量。

人工消雾

机场或港口出现冷雾（温度低于 0℃）时，人们会向雾中播撒干冰等消散它。而对于暖雾（温度高于 0℃），人们会播撒氯化钙等吸湿物质，让雾中的小水滴变成大水滴，使水滴沉降、雾气消散。

动植物的天气预报

燕子低飞是下雨的预兆。下雨前，空气湿度大，昆虫因为翅膀潮湿飞不高，燕子为了捕捉它们就会低空飞行。

当青蛙大量蹦出水面，蛙鸣一片时，就预示着要下大雨了。因为下大雨前空气湿度加大，青蛙的皮肤有足够的水分，即使跳出水面，皮肤也不会干燥。

等它俩打起来，小虫子就归我了。
小虫子是我的。
是我先看到的。
翅膀太重，我逃不掉了。
小伙伴们快上岸吧。
呱！
水下好闷哪。
小虾不在这里。

下雨之前，水中的氧气含量会减少，鱼就会到水面呼吸空气。如果看到鱼到水面不停翻腾时，很大概率是要下雨了，你要记得带伞，防止被雨淋。

当茅草的叶茎连接处冒出水沫时，说明阴雨天将要来临，有类似现象的还有结缕草。

你在干什么？
我在为大餐做准备呀，这场雨很快就会停的。
你们好哇，见到小虾了吗？
你们要去哪里？
大雨就要来了。
我们要往高处去。

阴雨天时，如果看到**蜘蛛**在高处吐丝结网，就预示着天要放晴了。因为晴天时昆虫会飞得高一些，它准备饱餐一顿。

瑞典南部生长着一种叫**三色堇**的植物，它对气温的变化很敏感。当气温接近20℃时，它的枝叶会向上伸出；当气温下降到15℃时，它的枝叶便向下弯曲。

暴风雨来临前，**菖蒲莲**会大面积开花。这是因为下雨之前闷热的天气加大了植物的蒸腾作用，使它产生了大量激素，可以促使花朵开放。

青冈树的树叶晴天时呈深绿色，但在下雨前树叶会变为红色。雨后天气转晴时，树叶又会恢复成原来的深绿色。

蚂蚁喜欢在湿度适宜的地方居住。当它们成群结队地往高处搬家时，预示将要出现雨天，且雨量较大；如果往低处搬家，则预示要干旱了。

四季的变化

四季的变化与地球公转相关。公转是指地球按一定轨道围绕太阳转动，周期为一年。地球在公转时还会围绕倾斜的地轴自转，因此引起了太阳直射点的移动，太阳直射点的移动范围在南北纬 23° 26′ 之间。太阳直射点的南北移动使一年当中地球表面的气温发生变化，于是形成了四季。

太阳直射点

太阳直射点是日心到地心的连线与地球球面的交点。

春分时，太阳直射点在赤道上，此时全球的黑夜和白天时间一样长。此时中国正处于春季。

春分后，太阳直射点进入北半球。北半球白天渐长、黑夜渐短，北极圈内开始出现极昼现象，即太阳终日不落。

夏至时，太阳直射点在北纬 23° 26′，此时北半球昼最长、夜最短，且纬度越高白昼时间越长。此时中国正处于夏季。

夏至后，太阳直射点走“回头路”，往南移动，北半球的白昼时间逐日减短。

冬至时，太阳直射点到达南纬 23° 26′，南半球昼最长、夜最短。此时中国正处于冬季。

冬至后，太阳直射点又走“回头路”，往北移动，南半球的白昼时间逐日减短。

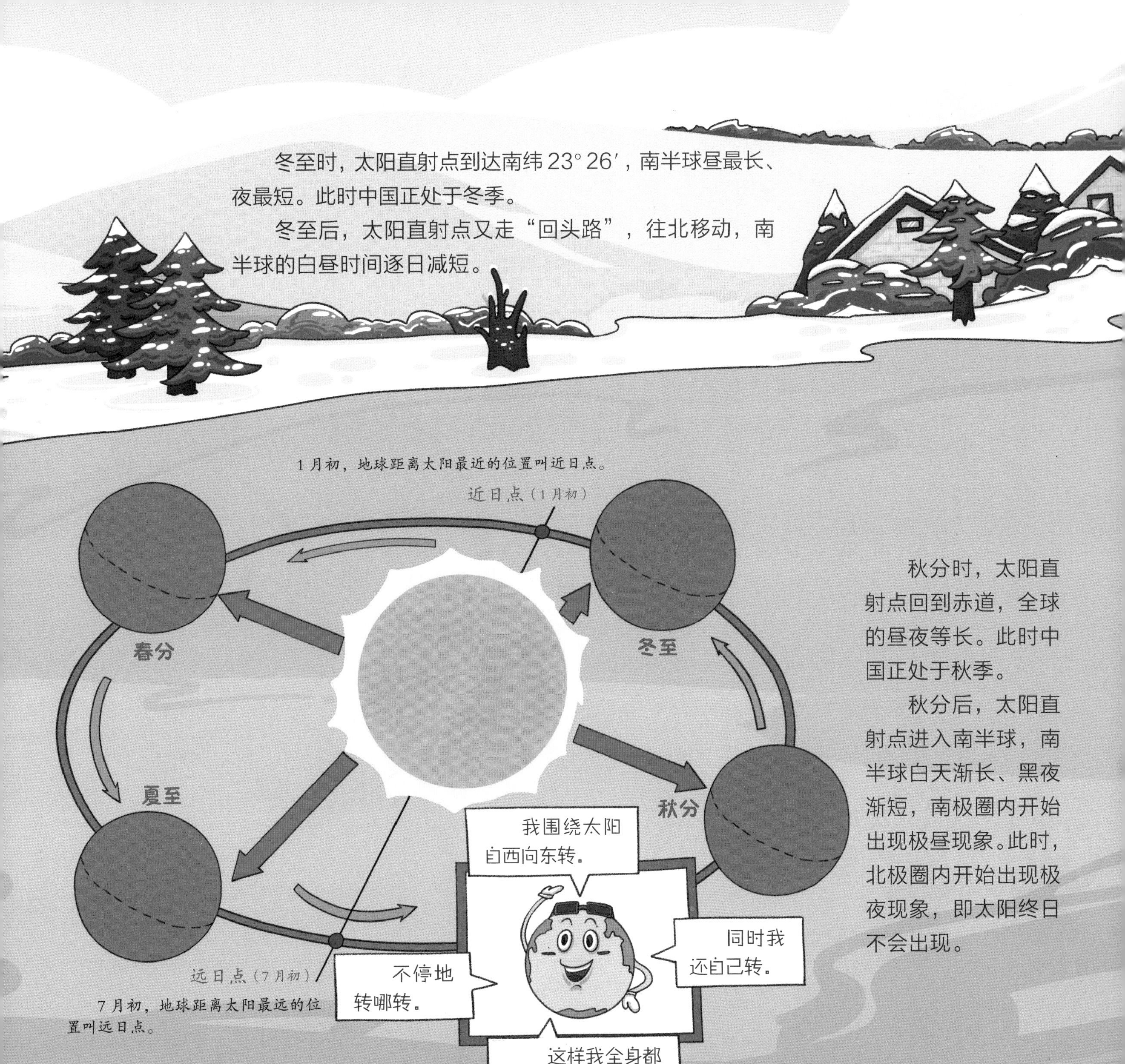

1 月初，地球距离太阳最近的位置叫近日点。
近日点（1 月初）
春分
冬至
夏至
秋分
远日点（7 月初）
7 月初，地球距离太阳最远的位置叫远日点。
我围绕太阳自西向东转。
不停地转哪转。
同时我还自己转。
这样我全身都能晒到太阳。

秋分时，太阳直射点回到赤道，全球的昼夜等长。此时中国正处于秋季。

秋分后，太阳直射点进入南半球，南半球白天渐长、黑夜渐短，南极圈内开始出现极昼现象。此时，北极圈内开始出现极夜现象，即太阳终日不会出现。

二十四节气

二十四节气是一年中地球绕太阳运行到二十四个规定位置上的日期。节气的名称反映了自然气候的特点。

二十四节气从立春开始，到大寒结束，每个节气都反映着时候、气候、物候的变化，是古代决定春种、秋收的基准，现在依旧影响着人们的衣食住行。

节气之间通常相隔 15 天，但因为地球公转的轨道是椭圆形，近日点和远日点的公转速度不同，节气之间也可能相隔 14 天或 16 天。

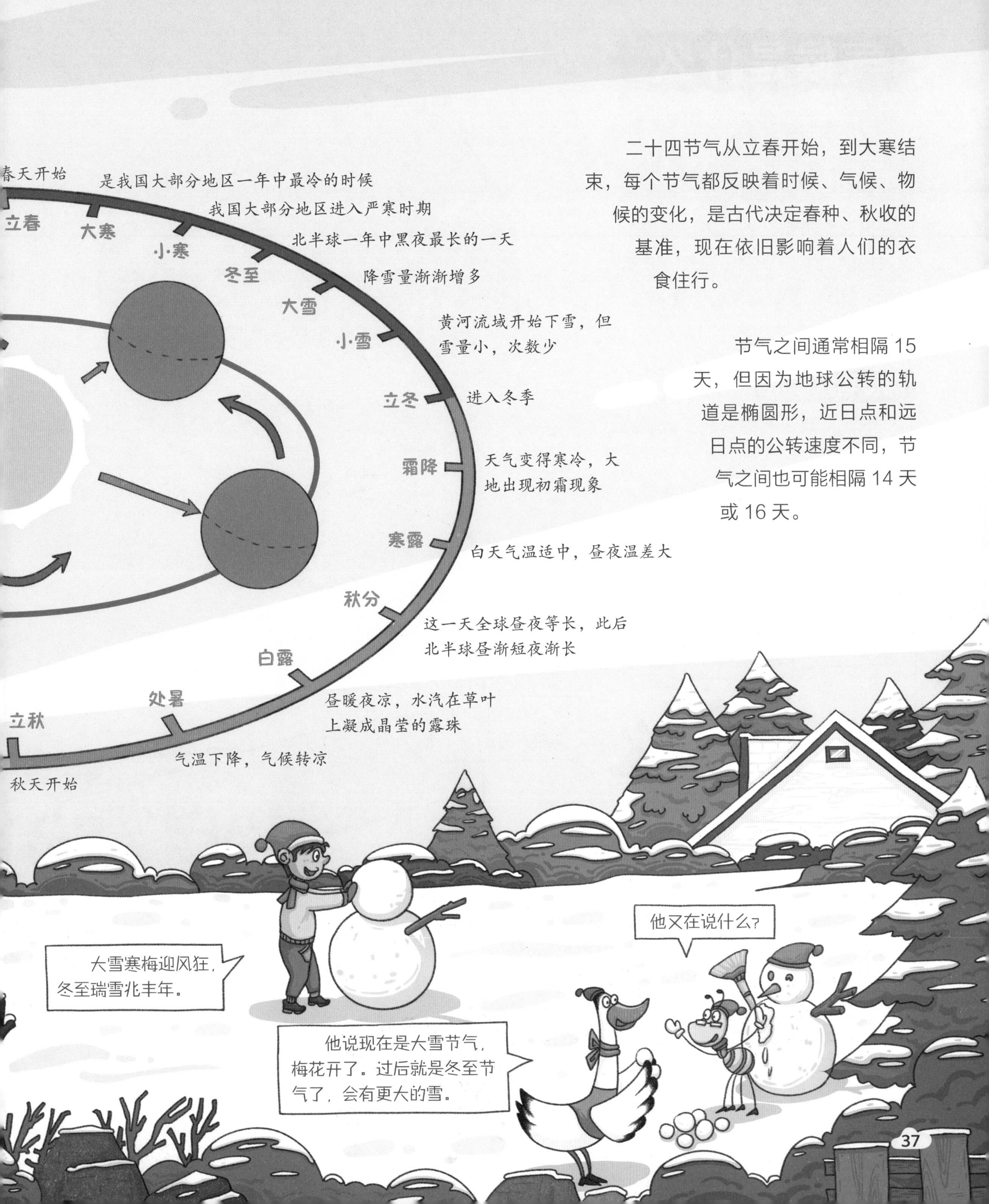

春天开始
立春
是我国大部分地区一年中最冷的时候
大寒
我国大部分地区进入严寒时期
小寒
北半球一年中黑夜最长的一天
冬至
降雪量渐渐增多
大雪
黄河流域开始下雪，但雪量小，次数少
小雪
立冬
进入冬季
霜降
天气变得寒冷，大地出现初霜现象
寒露
白天气温适中，昼夜温差大
秋分
这一天全球昼夜等长，此后北半球昼渐短夜渐长
白露
昼暖夜凉，水汽在草叶上凝成晶莹的露珠
处暑
气温下降，气候转凉
立秋
秋天开始
大雪寒梅迎风狂，冬至瑞雪兆丰年。
他又在说什么？
他说现在是大雪节气，梅花开了。过后就是冬至节气了，会有更大的雪。

气候是什么

天气是时刻在变化的，但一个地区天气的多年平均状况是稳定的，这就是气候。气候要素主要包括气温、日照和降水，而影响这些要素的是纬度、大气环流、洋流、海陆分布、地形地势、人类活动等。

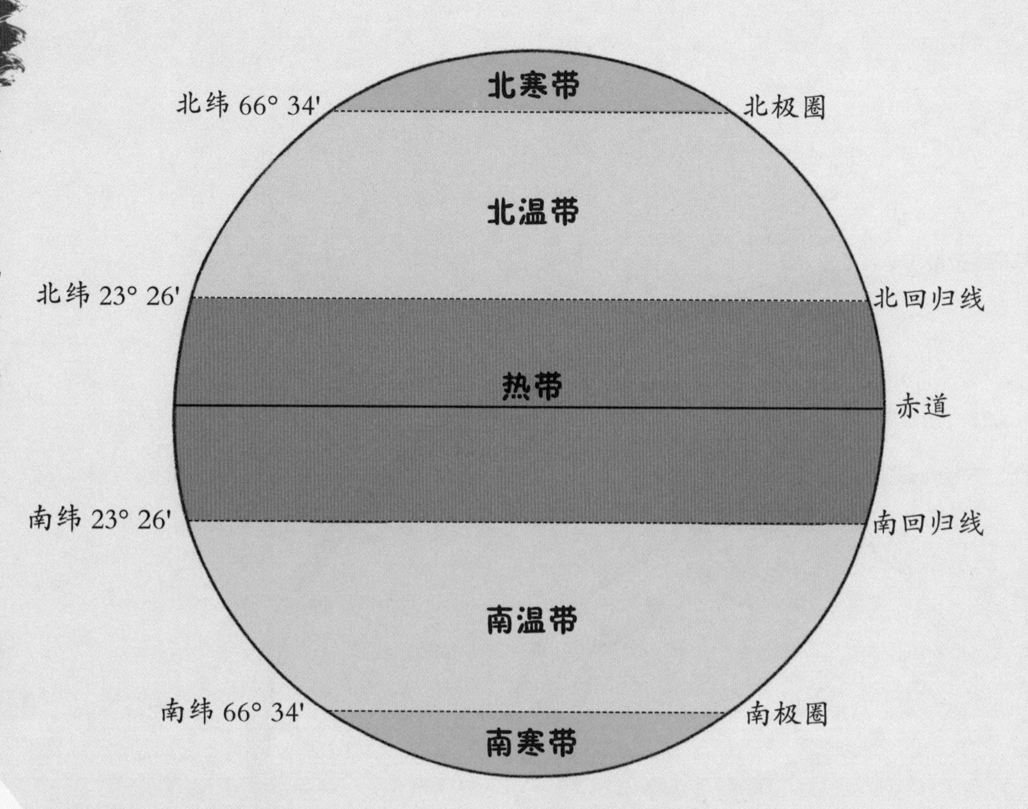

纬度与气候带

不计其他因素的影响，地球的整体气候呈现按纬度分布的带状特征。从低纬度地带到高纬度地带，太阳光线由直射向斜射转变，太阳辐射越来越弱，地表接收到的热量也越来越少。

公元前 3 世纪，古希腊埃拉托色尼根据当时的气候状况，将地球南北划分为寒带、温带和热带。

气压带与风带

地球表面受热不均的影响是热带地区接收到的热量最多，温带地区次之，极地最少。它们之间要进行热量交换，便产生了全球性的有规律的大气运动，即大气环流。

假设地球表面是均匀的，极地和热带地区的大气就会循环交换。但由于跨度太大，上升并向两极移动的热气流会逐渐变冷、收缩、下沉，最终地球上形成了 7 个气压带。

气流的方向会受到地转偏向力（物体相对地球表面运动时会因地球自转而改变方向）的影响，北半球向右偏，南半球向左偏，因此在气压带之间形成了 6 个风带。

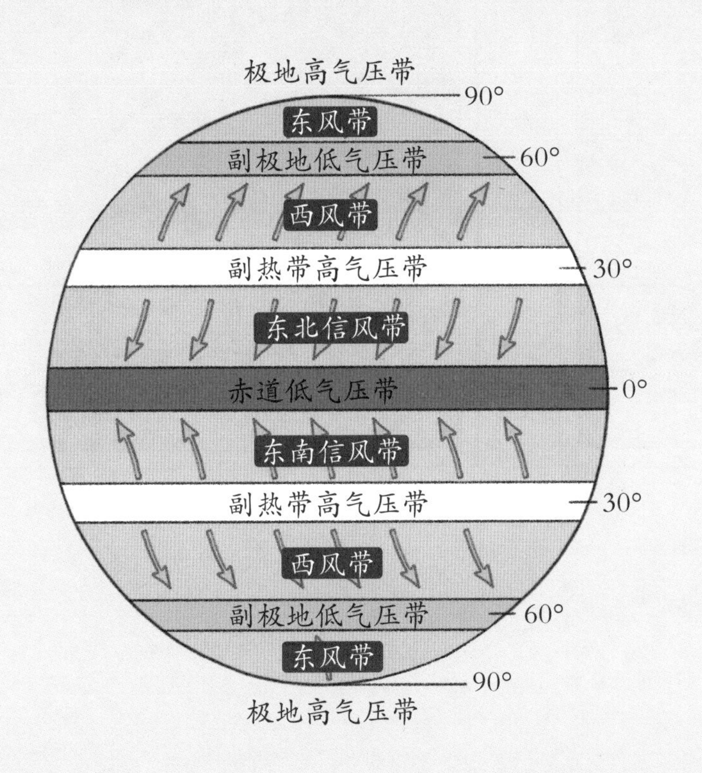

气压带和风带会随着季节变化而南北移动，对气候影响非常大。比如非洲的热带草原气候区，干季时处于信风带控制下，降水少，草木枯萎；湿季时处于赤道低气压带控制下，降水多，草木茂盛。

海陆分布与季风

由于大陆增温和降温的速度比海洋快，形成海陆热力性质差异，使原本带状的气压带被分割成高、低气压中心，比如位于副极地低气压带的蒙古一西伯利亚高压。

大陆与邻近海洋的气压差导致大范围盛行随季节作有规律变化的风，这种风被称为季风。季风环流具有大气环流的基本特征，即交换热量和水汽。

地形地势与局地气候

气流往往会被山脉阻挡，使山脉两侧形成截然不同的气候区。例如中国的秦岭，它阻挡了南下的冷气流和北上的暖气流，成为中国干燥北方和湿润南方的分界线。

同一纬度地区，地势越高气温越低，而且携带雨量的气流无法到达太高的地方。例如位于赤道处的东非高原就没有形成热带雨林气候，而是形成了热带草原气候。

洋流与沿岸气候

在风力、压强梯度力等的作用下，海洋中的海水沿着一定的方向从一个海区流向另一个海区，这种大规模的海水运动叫作洋流。

按水温高于或低于所经海区，洋流被分为暖流和寒流。暖流对沿途气候有增温、增湿的作用，如在北大西洋暖流的影响下，西欧和北欧的气候有明显的增温、增湿现象。寒流对沿途气候有降温、减湿的作用，如秘鲁沿岸热带沙漠的形成，秘鲁寒流起到了一定作用。

明明在海洋旁边，为什么会有沙漠？

因为有寒流经过，大气一直在受冷收缩，无法形成降雨。

洋流也会受到地转偏向力、海岸轮廓以及海底地形的影响，如海岸的阻挡会改变洋流的运动方向。

这边啥都没有，光秃秃的。

赤道与两极

赤道穿过的地区与两极地区在气温、降水等方面存在着极大的差异，因此形成了截然不同的地理环境。

赤道是环绕地球表面与南北两极距离相等的圆周线。

赤道将地球分为南北两个半球。赤道的纬度为 0°，往北是北纬 0° 到 90°，往南是南纬 0° 到 90°。

赤道上一年要被太阳光线直射两次，接收的热辐射总量较多，因此赤道穿过的地区全年皆夏，四季变化不明显。

从赤道到南北回归线之间的气候带是热带，热带的气候类型有热带雨林气候（如亚马孙河流域）、热带草原气候（如东非高原）、热带沙漠气候（如非洲北部）、热带季风气候（如中南半岛）。

这里拥有全球最丰富的物种，物种数量随着向两极地区移动而递减。

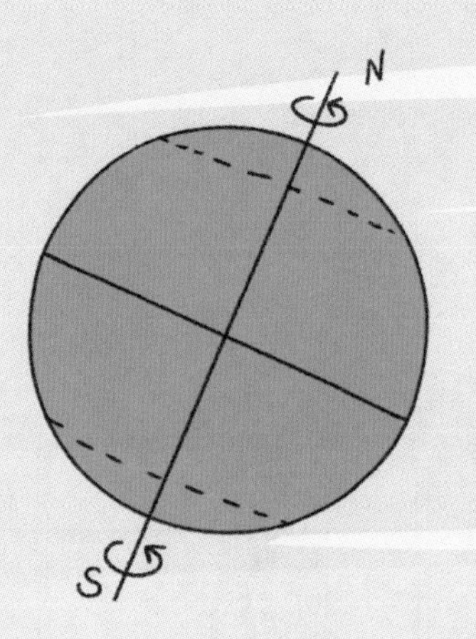

地球自转轴与地球表面相交的两点，在北半球的称为“北极”，在南半球的称为“南极”。北极地区指北极圈（北纬 66° 34'）以北的广大区域，南极地区指南极圈（南纬 66° 34'）以南的广大区域。

太阳直射点从不到达北极地区和南极地区，这里甚至还有长达半年太阳终日不出的“极夜”现象，因此常年气候寒冷。极地的气候类型包括寒带冰原气候和苔原气候两种。

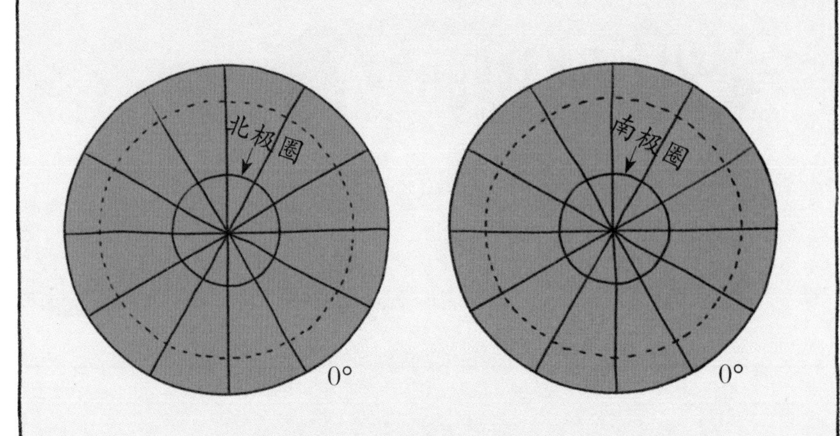

北极地区的主要地貌是冰冷的海洋——北冰洋。生活在北极地区的动物以北极熊和鲸为代表。

南极地区有世界第七大陆——南极洲。生活在南极地区的动物以企鹅、海豹、南极贼鸥、磷虾为代表。

沙漠和雨林

降水是影响气候的一个重要因素，降水量的多少使地球上形成了多雨、干燥的气候特点，以及雨林、沙漠等自然景观。

一般来说，湿润地区的年降水量在800毫米以上，且降水量高于蒸发量；半湿润地区的年降水量在400至800毫米之间，且降水量高于蒸发量；半干旱地区的年降水量在200至400毫米之间，且降水量低于蒸发量；干旱地区的年降水量在200毫米以下，且降水量低于蒸发量。

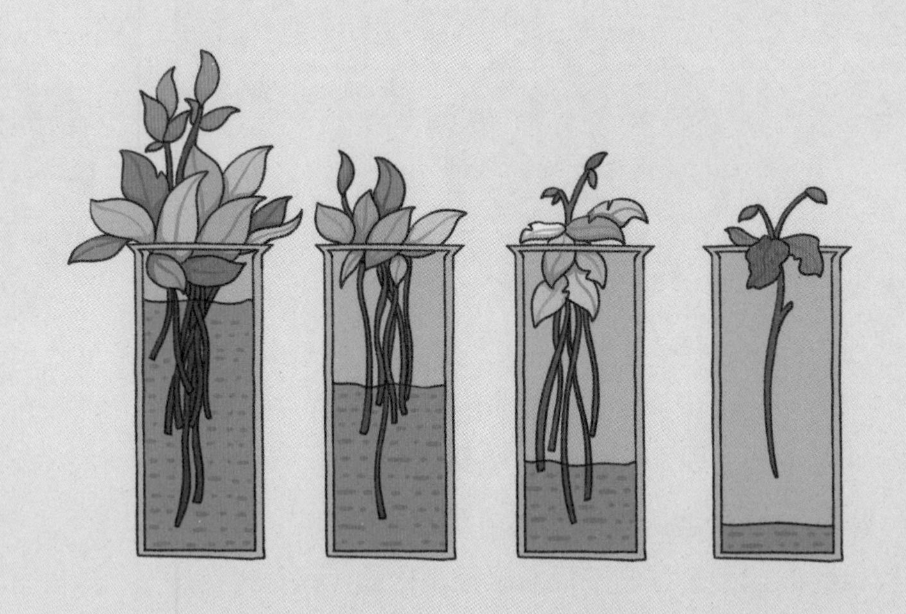

地球上约有三分之一的陆地是干旱、半干旱的荒漠地区，年降水量在250毫米以下，有些地区甚至不足10毫米。那里的地表被沙覆盖，植被稀少，甚至完全没有草木。

撒哈拉沙漠为什么是世界上最大的沙漠？

1. 撒哈拉沙漠位于非洲北部，这里常年受副热带高气压带控制，盛行干热的下沉气流，全年干旱少雨。
2. 东北信风从陆地吹来，水汽不足，不易形成降水。
3. 东侧的埃塞俄比亚高原阻挡了来自海洋的湿润气流。
4. 西岸的加那利寒流降温减湿，使沙漠逼近沿海地区。
5. 撒哈拉沙漠所在地区地势平坦，起伏不大，干燥的风盛行无阻。

这里的植物好奇怪，喜欢攀附大树生长。
因为这样它们才能长高，才能伸出头去感受被树冠挡住的阳光。

年降水量与沙漠相差极大的是雨林，雨林的年降水量在1000—3000毫米。雨林是地球上生物繁衍最活跃的区域，也是多种古老动植物的栖息地。

亚马孙热带雨林位于南美洲的亚马孙平原，有“世界动植物王国”之称。亚马孙热带雨林位于赤道附近，终年受赤道低气压带控制，盛行上升气流，全年高温多雨。

亚马孙热带雨林降水丰富的原因

1. 东侧是大西洋，东南信风将大西洋的水汽送往内陆。
2. 亚马孙热带雨林所在的亚马孙平原北部是圭亚那高原，南部是巴西高原，西部是高大的安第斯山脉，这样的地理位置有利于从东部来自大西洋的水汽深入内陆。
3. 南赤道暖流有增温增湿的作用。

全球变暖

2021 年，第 26 届联合国气候变化大会上，世界气象组织发布了《2021 年全球气候状况》的临时报告。报告中指出，2021 年全球平均气温（1 月至 9 月）比 1850 年至 1900 年高出约 1.09℃，数据显示 2021 年全球平均气温继续升高。

全球变暖指全球平均气温升高的现象，导致这种现象的主要原因是人类活动中大气保温气体排放量的增加。大气保温气体存在于大气内，太阳短波辐射透过大气射入地面，地面增温后放出的长波辐射被这些气体阻止无法逸出大气层，使地面附近的大气温度保持在较高的水平。

工业革命以来，人类向大气中排放的二氧化碳等大气保温气体逐年增加，大气保温效应随之加剧，地球也就越来越热了。

是谁让地球变热了？

全球变暖是太阳活动、火山爆发等自然作用和人类活动的共同结果。其中，人类活动产生的大气保温气体（主要为二氧化碳）排放量增加是一个重要原因。

能够增加大气保温气体排放量的人类活动主要有燃烧煤炭和木柴使二氧化碳的排放量增加，毁坏森林使植物吸收二氧化碳的量减少等。此外，汽车、飞机、轮船等排放的尾气也含有大量的大气保温气体。

全球变暖有什么影响？

全球变暖会影响降水量，地球上很多城市都遭受过强降水导致的洪涝灾害。

全球变暖使两极的冰层加速融化，北极熊失去了休憩的浮冰，难以捕食猎物。

全球变暖使物种灭绝的速度加快。2019年2月，珊瑚裸尾鼠灭绝，这是有记录以来首个因全球变暖而灭绝的哺乳动物。

减缓全球变暖我们能做些什么？

在生活中，我们可以通过参与植树活动、减少一次性用品的使用量、选择公共交通出行等方式来减缓全球变暖的趋势。

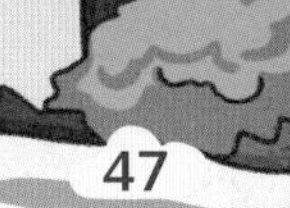

图书在版编目（CIP）数据

奇妙的自然现象——天气 / 恐龙小Q少儿科普馆编. —长春：吉林美术出版社，2022.2
（小学生趣味大科学）
ISBN 978-7-5575-7004-0

Ⅰ.①奇… Ⅱ.①恐… Ⅲ.①天气–少儿读物 Ⅳ.①P44-49

中国版本图书馆CIP数据核字(2021)第210678号

XIAOXUESHENG QUWEI DA KEXUE
小学生趣味大科学
QIMIAO DE ZIRAN XIANXIANG TIANQI
奇妙的自然现象 天气

出 版 人 赵国强
作　　者 恐龙小Q少儿科普馆 编
责任编辑 邱婷婷
装帧设计 王娇龙
开　　本 650mm × 1000mm 1/8
印　　张 7
印　　数 1—5,000
字　　数 100千字
版　　次 2022年2月第1版
印　　次 2022年2月第1次印刷

出版发行 吉林美术出版社
地　　址 长春市净月开发区福祉大路5788号
邮政编码 130118
网　　址 www.jlmspress.com
印　　刷 天津联城印刷有限公司

书　　号 ISBN 978-7-5575-7004-0
定　　价 68.00元

恐龙小 Q

恐龙小 Q 是大唐文化旗下一个由国内多位资深童书编辑、插画家组成的原创童书研发平台，下含恐龙小 Q 少儿科普馆（主打图书为少儿科普读物）和恐龙小 Q 儿童教育中心（主打图书为儿童绘本）等部门。目前恐龙小 Q 拥有成熟的儿童心理顾问与稳定优秀的创作团队，并与国内多家少儿图书出版社建立了长期密切的合作关系，无论是主题、内容、绘画艺术，还是装帧设计，乃至纸张的选择，恐龙小 Q 都力求做到更好。孩子的快乐与幸福是我们不变的追求，恐龙小 Q 将以更热忱和精益求精的态度，制作更优秀的原创童书，陪伴下一代健康快乐地成长！

原创团队

创作编辑：狸　花
绘　　画：韩亚哲
策 划 人：李　鑫
艺术总监：蘑　菇
统筹编辑：毛　毛
设　　计：王娇龙　乔景香